GALERIE

DE

MM. PEREIRE

GALERIE DE MM. PEREIRE

CATALOGUE

DES

TABLEAUX

ANCIENS & MODERNES

DES DIVERSES ÉCOLES

DONT LA VENTE AURA LIEU

Boulevard des Italiens, N° 26

Les 6, 7, 8 et 9 Mars 1872

A deux heures précises.

EXPOSITIONS :

PARTICULIÈRE	PUBLIQUE
Les Dimanche 3 et Lundi 4 Mars	*Le Mardi 5 Mars*

DE MIDI A CINQ HEURES

Me CHARLES PILLET
COMMISSAIRE-PRISEUR
10, rue Grange-Batelière.

FRANCIS PETIT
EXPERT
7, rue Saint-Georges.

PARIS

CONDITIONS DE LA VENTE

Elle sera faite au comptant.

Les adjudicataires payeront *cinq pour cent* en sus des en-
chères.

Paris. — Typ. Pillet fils aîné, 5, rue des Grands-Augustins.

Notre savant et regretté critique, W. Bürger, dans les
articles remarquables qu'il publiait, en 1864, dans la
Gazette des Beaux-Arts, sur la Galerie de MM. Pereire,
s'exprimait ainsi :

« Leur riche collection de tableaux de toutes les écoles,
« depuis les Italiens primitifs, jusqu'aux peintres contem-
« porains, MM. Pereire l'ont formée successivement, sans
« prétention et presque sans intention, en achetant dans
« les ventes fameuses, telles que les ventes du baron
« de Mecklemburg, de MM. Patureau, Rhoné, Piérard,
« du prince Demidoff, de lord Northwich, du comte de
« Pembroke, etc.; quelquefois, par ces occasions qu'amè-
« nent la fortune et les relations du monde; par l'acqui-
« sition d'une galerie étrangère recueillie, en Espagne, à
« la suite des bouleversements politiques, et en Angle-
« terre, aux ventes de la collection Coesvelt, et de
« l'ancien Musée espagnol, appartenant au roi Louis-
« Philippe. A ce fond s'est ajouté un certain nombre de
« tableaux, cherchés et choisis un à un chez les amateurs
« ou les spéculateurs de la France et de l'étranger. . . . . .
« . . . .

« En terminant, le célèbre critique disait :

« Il n'y a pas beaucoup de collections particulières où
« l'on trouve réunis, comme dans la Galerie de MM. Pé-
« reire, parmi les modernes : Ary Scheffer, Paul Delaroche,
« Eugène Delacroix, MM. Ingres, Meissonier, Rousseau,
« Diaz; parmi les anciens : Claude et Poussin, Lancret,
« Pater, Boucher, Fragonard et Greuze : Boticcelli et Car-
« paccio, Velazquez, Murillo et Goya; Rubens et Teniers,
« Frans Hals et Albert Cuijp, Terburg et Ostade, Ruisdael
« et Hobbema, les Van de Velde, Pieter de Hooch, Van
« der Meer de Delft et Rembrandt. »

Dans le courant de ce Catalogue, nous aurons souvent
l'occasion d'emprunter des citations aux articles du célèbre critique.

Disons seulement que la galerie se compose aujourd'hui
de 181 tableaux, qui se répartissent ainsi :

Ecole moderne 55, école française du xviii⁰ siècle 20, école
espagnole 15, école italienne 10, école allemande 5, et
enfin écoles flamande et hollandaise 76. Presque tous
tableaux de moyenne dimension, tableaux de chevalet pour
la plupart.

De la galerie achetée en Espagne, la galerie Urzaïs de
Madrid, composée principalement de toiles de grandes
dimensions, MM. Pereire ne conservèrent que les tableaux
les plus importants ; les tableaux de sainteté et d'histoire
furent donnés à des églises ou à des établissements publics
.de province; les moins intéressants furent l'objet de ventes
publiques faites, en 1868, à Paris.

Ce Catalogue, publié en dehors de notre Catalogue
ordinaire, est illustré de 48 à 50 eaux-fortes, faites d'après
les tableaux qui nous ont paru les plus intéressants, et

exécutées par MM. Hédouin, Flameng, Veyrassat, Gaucherel, Rajon, Courtry, Braquemond, Laguilliermie, Lerat, Delaunay et Deblois; ces eaux-fortes, sans avoir la prétention de reproduire les tableaux dans leur plus scrupuleuse exactitude, donnent au moins une idée de la composition et de l'importance du tableau. Ce Catalogue illustré est, comme celui de San Donato, vendu au profit des pauvres.

Nous avons fait reconstruire, boulevard des Italiens, n° 26, une salle dans laquelle les tableaux pourront être exposés, tous à la fois, plusieurs jours avant la vente, qui aura lieu, les 6, 7, 8 et 9 mars prochain.

La vacation du 6 comprendra les tableaux de l'école moderne; celle du 7 comprendra les tableaux de l'école française ainsi que ceux des écoles espagnole, italienne et allemande, et enfin les vacations des 8 et 9, les tableaux des écoles flamande et hollandaise.

FRANCIS PETIT.

TABLEAUX

L'ÉCOLE MODERNE

BELLEL

1 — Une rue de Constantine.

C'est le quartier du bazar; la rue est bordée de constructions pittoresques et animée par de nombreuses figures de promeneurs, de marchands, de musiciens, etc.

Daté 1857.

Toile. Haut., 60 cent.; larg., 80 cent.

BÉNOUVILLE

(LÉON)

2 — Raphaël et la Fornarina.

Raphaël s'arrête en admiration devant la Fornarina, qu'il aperçoit, debout, sur la porte de sa boulangerie.

Daté 1856.

Toile. Haut., 113 cent.; larg., 81 cent.

BIDA

2 bis. — Pèlerins revenant de la Mecque.

Composition importante. Grand et beau dessin.

Haut., 58 cent.; larg., 88 cent.

BRASCASSAT

3 — Pâturage.

Tout au premier plan, une belle vache rousse tachetée de blanc; plus loin, deux vaches couchées et un taureau qui se frotte au tronc d'un arbre.

Bois. Haut., 65 cent.; larg , 85 cent.

BRETON

(JULES)

4 — Les Glaneuses.

La moisson est faite ; la plaine est livrée aux glaneuses qui viennent chercher les épis oubliés ; c'est le soir, le soleil éclaire de ses reflets dorés toutes ces figures de poses si diverses et de costumes si variés.

Au loin, dans la plaine, le clocher de l'église dominant les toits des maisons du village.

Tableau grassement peint et d'un effet superbe.

Daté 1854.

Toile. Haut., 93 cent.; larg., 137 cent.

CABAT

5 — Le Cabaret de Montsouris.

Au milieu d'un bouquet d'arbres, une chaumière servant de cabaret ; deux personnages sont attablés sous une tonnelle ; d'autres figures et des animaux égayent le paysage.

Daté 1831.

Toile. Haut., 50 cent.; larg., 33 cent.

CASTIGLIONE

6 — La Galerie d'Apollon au Louvre.

Toile. Haut., 68 cent.; larg., 103 cent.

CERMACK

(JAROSLAY)

7 — Jeune paysanne croate et son enfant.

Debout, au soleil, sous un berceau garni de feuilles, la jeune femme, revêtue de son élégant costume national, tient dans ses bras son enfant et l'embrasse.

Daté 1860.

Toile. Haut., 110 cent.; larg., 96 cent.

CHASSÉRIAU

(THÉODORE)

8 — Après la bataille.

Le terrain est jonché de morts ; un chef arabe et des
cavaliers viennent enlever les corps de leurs frères
d'armes ; chaque cavalier en prend un sur la selle de
son cheval.

Composition capitale.

Daté 1850. Toile. Haut., 170 cent.; larg., 250 cent.

COMTE

**— Catherine de Médicis au château de Chau-
mont.**

Ruggieri lui fait voir, dans le miroir magique, que ses
fils mourront sans postérité, et qu'Henri de Bourbon
leur succédera sur le trône.

Tableau plein de caractère et d'une grande exactitude
de détails.

Daté 1857.

Toile. Haut., 86 cent.; larg., 108 cent.

DECAMPS

10 — La Fuite en Égypte.

C'est le soir ; la sainte famille est en marche ; un ange la précède, conduisant, par la bride, l'âne sur lequel est montée la sainte Vierge tenant l'enfant Jésus sur ses genoux ; ils vont franchir un torrent.

Le paysage est magnifique de lignes.

Bois. Haut., 24 cent.; larg., 35 cent.

DELACROIX

(EUGÈNE)

11 — Les Miracles de saint Benoît.

Copie, d'après un magnifique tableau de Rubens, de la collection de M. Tencé.

Vente d'Eug. Delacroix, n° 162 du Catalogue.

Toile. Haut., 130 cent.; larg., 195 cent.

DELACROIX

(EUGÈNE)

12 — Henri IV confiant la régence à Marie de Médicis.

Copie fragment, d'après le tableau de Rubens, du musée du Louvre, n° 442.

Vente d'Eug. Delacroix, n° 169 du catalogue.

Toile. Haut., 87 cent.; larg., 115 cent.

DELACROIX

(EUGÈNE)

13 — Portrait d'un jeune homme.

Copie, d'après un portrait de Raphaël, du musée du Louvre.

Vente d'Eug. Delacroix, n° 151 du catalogue.

Toile. Haut., 64 cent.; larg., 49 cent.

DELAROCHE

(PAUL)

14 — La Madeleine chez Simon le Pharisien.

Projet de composition pour la décoration de la Madeleine.

Vente Paul Delaroche, n° 19 du catalogue.

Toile. Haut.. 20 cent.; larg.. 42 cent. Forme cintrée.

DELAROCHE

(PAUL)

15 — Marie-Antoinette après sa condamnation.

Première pensée, peinte en 1850.

Vente Paul Delaroche, n° 24 du catalogue.

Bois. Haut., 22 cent.; larg., 16 cent.

DELAROCHE

(PAUL)

16 — Le Retour de la moisson.

Jeune femme napolitaine portant, sur sa tête, son enfant dans un berceau.

Bois. Haut., 18 cent.; larg., 11 cent. Forme cintrée.

DELAROCHE

(PAUL)

17 — Une Mendiante.

Une pauvre femme romaine est assise à la porte d'une église; elle tient un jeune enfant sur ses genoux; un autre est debout près d'elle.

Peint en 1843.

Vente Paul Delaroche, nᵒ 25 du catalogue.

Bois. Forme ronde. 14 cent. de diamètre.

DIAZ

18 — Vénus et les Amours.

Vénus, assise sur un tertre abrité de grands arbres, est entourée d'amours qui attendent ses ordres. Elle refuse de rendre à l'un d'eux la flèche qu'elle lui a enlevée.

Daté 1857.

Toile. Haut., 67 cent.; larg., 42 cent.

DIAZ

19 — Nymphes et Amours.

Au milieu d'un bocage, des nymphes jouent avec des amours.

Composition avec de nombreuses figures.

Daté 1858.

Toile. Haut., 47 cent.; larg., 67 cent.

GÉROME

20 — Pifferari à Rome.

Deux pifferari sont arrêtés devant une madone, dans une rue de Rome et jouent de leurs instruments; un petit garçon fait aussi sa partie dans le concert.

Daté 1859.

Bois. Haut., 38 cent.; larg , 29 cent.

GIRARDET

(KARL)

21 — Entrée de la vallée de Lauterbrunnen.

Au premier plan, une grande mare où des troupeaux viennent s'abreuver; plus loin les moissonneurs et le char qui enlève la moisson. La scène se passe au pied des hautes montagnes qui dominent la vallée de Lauterbrunnen.

Toile. Haut., 53 cent.; larg.. 91 cent.

GUDIN

22 — Marine, coup de vent.

L'orage approche, la mer est agitée, les pêcheurs baissent leurs voiles : un rayon de soleil perce les nuages et éclaire les vagues au premier plan.

Tableau capital.

Daté 1849.

Haut., 120 cent.; larg., 182 cent.

GUDIN

23 — Plage à marée basse, effet de soleil.

La mer est basse ; les barques sont échouées sur le sable ; à droite, sur le rivage, un petit bois ; sur la plage, quelques figures.

Daté 1859.

Toile. Haut., 49 cent.; larg., 65 cent.

GUDIN

24 — Marine, les Pêcheurs.

Des bateaux pêcheurs, aux approches de la tempête, amènent leurs voiles.

Daté 1837.

Toile. Haut., 36 cent.; larg., 55 cent.

HEÜVEL

(TH. DE)

25 — Le Colin-maillard.

Dans un intérieur hollandais, rempli de mille détails de ménage, une joyeuse troupe d'enfants joue à Colin-Maillard ; un bon homme et une jeune femme les encouragent et les excitent dans leur jeu.

Daté 1855.

Toile. Haut., 62 cent.; larg., 80 cent.

INGRES

26 — Œdipe et le Sphinx.

Répétition, avec variantes, du tableau qui faisait partie de la collection du duc d'Orléans, et peinte par M. Ingres pour la galerie Pereire.

Tableau du plus grand intérêt.

Toile. Haut., 105 cent.; larg., 87 cent.

Ingres

Œdipe et le Sphynx

INGRES

27 — Saint-Symphorien.

Magnifique dessin du célèbre tableau appartenant à
la cathédrale d'Autun.

Haut., 48 cent.; larg., 39 cent.

JACQUE

28 — Le Poulailler.

Dans un coin de basse cour, sur de la paille et du
fumier, un coq au plumage doré se pavane au milieu
de poules de toutes les couleurs.

Dans une cage, une couveuse.

Un tonneau, un panier, un balai et quelques objets
de ménage.

Vente Rhoné, n° 106 du catalogue.

Bois. Haut.. 29 cent., larg., 40 cent.

KOEKKOEK

(BAREND CORNELIS)

29 — Paysage.

Un massif de chênes séculaires s'élève au bord d'une rivière qui baigne les murs en ruines d'un vieux château-fort.

Un troupeau de vaches dans l'eau, un paysan conduisant par la bride son cheval chargé de bagages, et d'autres paysans arrêtés en groupe pour causer, donnent l'animation à ce tableau qui renferme toutes les qualités du peintre.

Vente Rhoné, n° 109 du catalogue.

Daté 1856.

Toile. Haut., 59 cent.; larg., 77 cent.

LAMI

(EUGÈNE)

30 — Louis XIV et les ambassadeurs d'Espagne.

Louis XIV, entouré de sa cour, reçoit l'ambassade chargée de lui offrir la couronne d'Espagne pour son petit-fils le duc d'Anjou.

Aquarelle capitale. Haut., 43 cent.; larg., 65 cent.

LANDELLE

31 — La Messe du dimanche, à Beost (Basses-Pyrénées).

La nef de la petite église est pleine ; des femmes sont en prière, les unes agenouillées, les autres debout, toutes vêtues du costume simple et pittoresque des Pyrénées.

Réduction du tableau exposé en 1857.

Toile. Haut., 31 cent.; larg., 47 cent.

MEISSONIER

32 — Le Joueur de flûte.

Vêtu de noir, debout, devant un pupitre, un jeune homme, en costume du temps de Louis XVI, joue de la flûte. Il marque la mesure avec son pied.

Bois. Haut., 21 cent.; larg., 15 cent.

Meissonier

Le Joueur de flûte

MEISSONIER

33 — Après déjeuner.

Un jeune cavalier, en costume Louis XIII, est assis devant une table sur laquelle on voit les restes d'un jambon, un verre et un flacon. Il tient sa pipe à la main et sourit à ses pensers.

Daté 1863.

Bois. Haut., 21 cent.; larg., 16 cent.

MÉLIN

(JOSEPH)

34 — Couple de chiens.

Daté 1853.

Toile. Haut., 97 cent.; larg., 130 cent.

MÉLIN

(JOSEPH)

35 — Chien qui se réclame.

Daté 1854.

Toile. Haut., 128 cent.; larg. 96 cent.

PICOU

36 — Le Miroir.

Une mère tient un miroir dans lequel un jeune enfant sourit en se regardant.

Toile. Haut., 64 cent.; larg., 55 cent.

PICOU

37 — L'Album.

Trois jeunes femmes regardent dans un album que l'une d'elles tient ouvert devant elles.

Toile. Haut., 69 cent.; larg., 57 cent.

LÉOPOLD ROBERT

38 — Pifferari devant la Madone.

Au coin d'un carrefour, deux pifferari donnent une aubade à la madone.

Une jeune fille assise sur une marche et une autre debout contre la muraille, écoutent les musiciens.

Tableau plein de caractère et d'une très-belle exécution.

Daté 1829.

Toile. Haut., 89 cent.; larg., 77 cent.

LÉOPOLD ROBERT

39 — Jeunes pêcheurs napolitains.

Sur une terrasse, auprès d'une fontaine, avec la mer pour horizon, un jeune pêcheur boit à la cruche qu'une jeune fille tient sur sa tête ; elle s'est agenouillée pour le laisser boire.

Tableau plein de charme et d'une coloration très-brillante.

Daté 1827.

Toile. Haut., 87 cent.; larg., 74 cent.

Robert Fleury

Charles Quint au Monastère de St Just

ROBERT FLEURY

40 — Charles-Quint au monastère de Saint-Just.

Le Roi assis sur une chaise à porteurs, au milieu d'une vaste salle du monastère, reçoit Don Ruy Gomez de Sylva, comte de Melilo, qui vient de la part de son fils Philippe II, le supplier de quitter la solitude de St-Just et réclamer de lui des conseils dans la complication critique des affaires d'Espagne, en 1557.

Tableau très-capital du maître.

Salon de 1857.

Toile. Haut., 100 cent ; larg., 111 cent.

ROBERT FLEURY

41 — Michel Ange soignant son serviteur malade.

Michel-Ange, assis auprès du lit de son serviteur, suit avec tristesse les progrès de la maladie.

A terre sont des portefeuilles et des livres ; au fond au-dessus du lit, un tableau religieux à volets ouverts.

Galerie de Mgr le duc d'Orléans.

Vente Demidoff, 1863, n° 41 du catalogue.

Daté 1841.

Toile. Haut., 64 cent.; larg., 82 cent.

ROUSSEAU

(THÉODORE)

42 — Paysage, après la pluie.

Effet de soleil après la pluie ; un terrain marécageux partie dans l'ombre et partie dans la lumière ; quelques arbrisseaux au second plan, et des silhouettes d'arbres à l'horizon.

L'effet est d'une grande vérité, les formes sont arrêtées, la touche est ferme et précise.

Vente Demidoff, n° 42 du catalogue.

Bois. Haut., 23 cent.; larg., 38 cent.

ROUSSEAU

(THÉODORE)

43 — Les Bords de l'Oise.

De beaux arbres, placés au bord d'une rivière, se détachent sur un ciel clair et fin de ton; leur silhouette se répète dans l'eau au milieu des reflets argentés du ciel.

Ce petit tableau est un vrai bijou.

Bois. Haut., 18 cent.; larg., 25 cent.

ROUX

(LOUIS)

44 — Bernard Palizzy faisant un cours de Géologie.

En 1575, ce célèbre artiste posa les bases de la géologie et donna, le premier, la théorie des sources, des dépôts de fossiles et de la génération des minéraux; ses cours publics furent suivis avec empressement par toutes les classes de la société.

Salon de 1857.

Toile. Haut., 59 cent.; larg., 98 cent.

SAINT-JEAN

45 — Fleurs à terre.

Un énorme bouquet de roses de toutes nuances, de
pivoines, de renoncules, de pensées et d'autres fleurs,
est posé à terre, au bord de l'eau, près d'une grotte
ombragée d'arbustes.

Très-belle composition.

Daté 1819.

Toile. Haut., 100 cent.; larg., 80 cent.

SAINT-JEAN

46 — Fleurs et fruits.

Des roses, des tulipes, des pivoines et mille autres
fleurs dans un vase. Sur une table en chêne, au pied du
vase, une pêche, une figue et une branche de framboises.

Daté 1847.

Toile. Haut., 83 cent.; larg., 63 cent.

SAINT-JEAN

47 — Fleurs et fruits.

Bouquet de roses, de giroflées, de pivoines au milieu d'autres fleurs, dans un vase, sur une table où sont des raisins, des pêches, des framboises et des prunes.

Daté 1849.

Toile. Haut., 84 cent.; larg., 63 cent.

SCHEFFER

(ARY)

48 — Marguerite à la fontaine.

« MARGUERITE : Autrefois, quand une pauvre fille avait
« failli, je ne pouvais l'accabler assez durement; je ne
« pouvais trouver assez de paroles pour les péchés des
« autres ! Comme cela me semblait noir ! Et je la noircis-
« sais encore, et cela n'était jamais assez pour moi, et
« je me glorifiais, et je me trouvais si grande ! Et main-
« tenant je suis tout simplement le péché même. Pour-
« tant tout ce qui m'y a poussé, mon Dieu ! était si beau,
« hélas ! était si charmant ! »

(Faust, tragédie de GOETHE).

« Debout de grandeur naturelle, elle vous regarde
« vaguement. La rêveuse, elle fait rêver.

« C'est peut-être l'image la plus accomplie qu'Ary
« Scheffer ait réalisée.

« Peinte en 1858, peu avant la mort du maître, elle
« fut exposée en 1859 au boulevard des Italiens. »

W. BURGER.

Toile. Haut., 163 cent.; larg , 102 cent.

Marguerite à la Fontaine

SCHEFFER

(ARY)

49 — La Mère convalescente.

Une jeune femme pâle et enveloppée d'une mante
noire, soutenue par ses deux enfants, gravit pénible:
ment les marches d'une église.

Toile. Haut., 41 cent.; larg., 33 cent.

VAN SCHENDEL

50 — Le Nouveau marché à Amsterdam.

Les lumières de chaque boutique éclairent, de mille
façons diverses, les figures de promeneurs, d'acheteurs
et de marchands; la lune, cachée par le fronton de
l'hôtel-de-ville d'Amsterdam, répand sa lumière ar-
gentée sur le ciel.

Daté 1853.

Toile. Haut., 88 cent.; larg., 118 cent.

VAN SCHENDEL

51 — Une Kermesse, le soir.

Les marchands sont nombreux, les promeneurs
aussi ; au premier plan, un marchand de pains d'épices,
puis des fruits et des objets de toutes espèces. Comme
dans le tableau précédent, la lumière de la lune con-
traste avec l'éclairage des boutiques.

Daté 1852.

Haut., 88 cent.; larg., 117 cent

TISSOT

(JAMES)

52 — La Promenade aux remparts.

Un jeune homme et une jeune femme se promènent,
par la neige, sur une route élevée, plantée d'arbres,
qui domine une ville.

Daté 1857.

Toile. Haut , 24 cent.; larg. 18 cent.

VERBOECKHOVEN

(EUGÈNE)

53 — Paysage et animaux.

Au premier plan, un pâtre joue avec son chien en gardant son troupeau. A gauche, un bélier s'abreuve à une mare, près d'une petite cabane ombragée d'un vieux saule ; plus loin, dans la plaine, des moutons.

Vente Rhoné, nº 139 du catalogue.

Daté 1849.

Bois. Haut., 70 cent.; larg.. 60 cent.

WALDMULLER

54 — La Fête de Noël.

Les enfants sont en liesse. *Petit Noel* est venu pendant leur sommeil. Il a déposé dans leurs souliers des pommes et des bonbons. Seul, un grand dadais pleure en trouvant son soulier vide. Les parents sourient malicieusement.

Daté 1851.

Bois. Haut.. 65 cent.; larg., 83 cent.

VERVEER

(S. L.)

55 — Vue prise en Hollande.

Un large canal bordé à droite et à gauche par des
habitations ou par des arbres, et animé par des bateaux
marchands et des barques à voiles; au fond une ville.

Daté 1854.

Toile. Haut., 83 cent.; larg., 121 cent.

Vénus et l'Amour

ÉCOLE FRANÇAISE

ANCIENNE

BOUCHER

(FRANÇOIS)

1704-1770

56 — Vénus et l'Amour.

La déesse, légèrement vêtue de gaze et de draperies
roses, les cheveux ornés d'un ruban bleu, un bracelet
de perles au bras, est assise sur des nuages près de
son char, attelé de colombes. L'Amour, agenouillé près
d'elle, la supplie de lui rendre son carquois et ses
flèches.

Vente du comte de Pembroke, n° 4 du catalogue.

Toile. Haut., 135 cent.; larg., 165 cent.

BOUCHER

(FRANÇOIS)

1704-1770

57 — Le Mouton chéri ou le messager.

Gravée sous le titre *le Mouton chéri*, cette charmante peinture devrait plutôt s'appeler *le Messager*.

Au milieu d'un paysage aux couleurs tendres, deux jeunes bergères, vêtues l'une de rose, l'autre de bleu, sont assises devant une grande fontaine surmontée d'un lion. Elles s'empressent de détacher du cou et de l'aile d'une colombe, la lettre qui y est suspendue.

Près d'elles, le *mouton chéri* et un panier de fleurs renversé ; à gauche, le chien gardien du troupeau.

Gravé, avec l'indication : *Tiré du cabinet de la marquise de Pompadour*.

Signé F. Boucher, 1750.

Toile collée sur bois. Haut., 81 cent.; larg., 74 cent.

Le Mouton chéri
ou le Message

Boucher (François)

Le Bouton de rose
et l'oiseau envolé

BOUCHER

(FRANÇOIS)

1704-1770

58 — Le Bouton de rose et l'oiseau envolé.

Au milieu d'un frais bocage, un jeune berger sollicite sa bergère d'accepter un bouton de rose. Debout et appuyée sur une cage ouverte, d'où l'oiseau s'est envolé, elle lui répond tenant à la main droite une rose épanouie.

Autour d'eux, mille accessoires champêtres, et près du berger, son chien.

Signé F. Boucher.

Gravé.

Toile. Haut., 90 cent.; larg., 71 cent.

DE MARNE

(JEAN-LOUIS)

1744-1829

59 — Le Retour du marché.

Des villageois, montés sur une charrette, vont traverser un ruisseau ; ils sont accostés par un cavalier qui vient de passer le gué, portant un petit chien en croupe et conduisant des vaches et des moutons.

A droite, une femme et son chien passent l'eau sur une planche.

Toile. Haut., 46 cent.; larg., 55 cent.

La Main Chaude

FRAGONARD

(JEAN-HONORÉ)

1732-1806

60 — La Main chaude.

Sur la terrasse d'un beau parc, orné de statues, une
société d'hommes et de femmes joue à la main chaude;
un couple devise à l'écart, assis sur un banc.

Galerie Hope.

Salon de Jenny Colon.

Toile. Haut., 115 cent.; larg., 92 cent.

FRAGONARD

(JEAN-HONORÉ)

1732-1806

61 — **Le Cheval fondu.**

Dans l'allée d'un parc, tout près d'une pièce d'eau,
des enfants jouent au cheval fondu. Un jeune homme et
une jeune femme causent, assis, aux pieds des grands
arbres qui bordent l'allée.

« Ce tableau et son pendant, la *Main chaude*, sont
« de la première manière du maître, où de vifs empâ-
« tements dans les clairs et de légers frottis dans les
« fonds, rappellent Watteau. Il n'y en a pas de plus
« francs, de plus purs, de plus délicieux. » W. BÜRGER.

Galerie Hope.

Salon de Jenny Colon.

Toile. Haut., 117 cent.; larg., 88 cent.

Le Cheval fondu

GELÉE DIT LE LORRAIN

(CLAUDE)

1600-1682

62 — Paysage italien, effet de soleil.

Un large fleuve, faisant mille détours, traverse un beau paysage borné à l'horizon par des montagnes. Au premier plan, à gauche, de grands arbres et plus loin la tour d'un vieux château; sur le devant, un berger joue de la flûte en gardant des chèvres et des vaches.

Collection Rhoné.

Toile. Haut., 75 cent.; larg., 100 cent.

GREUZE

(JEAN-BAPTISTE)

1725-1805

63 — Tête de petite fille.

Cheveux blonds, dans lesquels passe un ruban bleu ; l'épaule nue, la chemise retenue par une petite ceinture rose ; des yeux pleins de charme.

« Cette tête gracieuse est du ton ferme et fleuri qui
« resplendit en certaines peintures de Greuze, par
« exemple dans la jeune fille de la collection La-
« caze. » W. Burger.

Vente Patureau, n° 55 du catalogue.

Toile sur bois. Haut., 39 cent.; larg., 30 cent.

Sa petite fille.

LAGRENÉE

(LOUIS-JEAN-FRANÇOIS DIT L'AINÉ)

1724-1805

64 — Pygmalion et Galathée.

Vénus, avec son cortége d'amours, vient de donner
la vie à l'œuvre de Pygmalion ; la statue s'anime, et
l'artiste s'agenouille en extase.

Signé L. Lagrenée, 1777.

Toile. Haut., 104 cent.; larg., 85 cent.

LANCRET

(NICOLAS)

1690-1743

65 — Portrait de la Camargo.

Dans un jardin, sous de grands arbres, la Camargo, entourée de musiciens, essaie un nouveau pas. Son costume blanc est tout garni de bouquets de roses.

Gravé par Laurent Cars.

Cette charmante toile et son pendant ont appartenu au grand Frédéric; il les avait à son château de Rheinsberg, alors qu'il était prince royal, et les donna plus tard à son frère, le prince Auguste de Prusse, qui, en 1813, les offrit à Mlle de V....

Elles passèrent depuis en vente publique et furent achetées en 1869.

Toile. Haut., 42 cent.; larg., 54 cent.

Lancret

Portrait de la Camargo

Lancret

Delauney sc.

Imp. A. Salmon, Paris.

Portrait de la Sallé

LANCRET

(NICOLAS)

1690-1743

66 — Portrait de la Sallé.

Elle danse, et derrière elle, trois femmes enlacées l'accompagnent avec des passes gracieuses, au son des instruments de quatre petits musiciens.

Gravé par Larmessin.

Toile. Haut., 42 cent.; larg., 54 cent.

VAN LOO

(CARLE)

1705-1765

67 — Portrait d'homme.

Un grand seigneur, les cheveux poudrés, vêtu de
velours bleu, gilet et habit brodés d'or, la main droite
sur la poitrine. Il s'enveloppe dans les plis d'un ample
manteau.

A sa boutonnière un ordre étranger.

Galerie Urzaïs.

Toile. Haut., 90 cent.; larg., 71 cent.

MIGNARD

(PIERRE)

1610-1695

68 — La Madeleine.

« La Madeleine désolée, ses blonds cheveux épars
« sur les épaules, semble être un portrait, celui de
« Mlle de Lavallière, à ce qu'on dit ; la tête a de la ten-
« dresse, les mains sont délicates et distinguées. »
                                        W. BURGER.

Galerie Urzaïs.

Toile. Haut., 130 cent.; larg., 98 cent.

Pater

Plaisirs champêtres

PATER

(JEAN-BAPTISTE)

1696-1736

69 — Plaisirs champêtres.

Près d'une élégante fontaine est assise une femme
vêtue de blanc, le corsage orné d'une guirlande de
fleurs. Elle reçoit un nid d'oiseaux que lui offre un
jeune homme; une jeune femme les regarde attenti-
vement. Près d'elle, une dame en costume de satin
orange repousse un cavalier qui cherche à l'embrasser.
Une autre les regarde en riant.

Au premier plan, à gauche, deux dames et un cavalier font une ample moisson de fleurs. A droite, deux
jeunes gens tressent des guirlandes. Plus loin, quelques
personnages assis au bord de l'eau.

Vente du comte de Pembroke, n° 21 du catalogue.

Toile. Haut., 55 cent.; larg., 66 cent.

PATER

(JEAN-BAPTISTE)

1696-1736

70 — Le Repos dans le parc.

Une jeune dame, vêtue d'une robe lilas, corsage blanc, une plume dans les cheveux, un bouquet au côté, est assise auprès d'un cavalier qu'elle écoute avec distraction. Une de ses compagnes, penchée vers elle, le coude appuyé sur les genoux, accepte les rafraîchissements que lui présente un page.

Une dame et un jeune seigneur sont debout devant ce groupe.

Au premier plan, une femme en robe de satin blanc, les épaules couvertes d'un manteau de soie orange, est assise à terre et s'entretient avec un cavalier. A gauche, trois enfants jouent.

Au loin la plaine, avec des personnages groupés çà et là.

Vente du comte de Pembroke, n° 22 du catalogue.

Toile. Haut., 55 cent.; larg., 65 cent.

Les repos dans le parc.

Pater

Les Vivandières de Brest

PATER

(JEAN-BAPTISTE)

1696-1736

71 — Les Vivandières de Brest.

Au milieu d'un camp, dont les tentes s'étendent à gauche et à droite, une femme, vêtue de blanc et de rose, est assise au milieu d'une nombreuse société; elle tient un verre à la main. Un officier, étendu à ses pieds, lui porte un toast. Des femmes, des enfants, des soldats, dans toutes sortes d'attitudes, animent cette scène joyeuse pleine de fantaisie.

Gravé par Le Bas.

Toile. Haut., 47 cent.; larg., 60 cent.

PATER

(JEAN-BAPTISTE)

1696-1736

72 — **La Halte à l'auberge.**

Une nombreuse troupe de voyageurs, de chasseurs
et de soldats, fait halte près d'une auberge, sur la porte
de laquelle apparaît l'hôtesse.

Au premier plan, à gauche, une dame, vêtue de couleur
aurore, descend de cheval, soutenue par un cavalier.

A droite, un valet débarrasse un cheval des bagages
qu'il porte. Au centre, une femme tenant sur ses bras
son nourrisson, accompagnée d'un second enfant, est
entourée de voyageurs. Au fond, un chariot arrive
traîné par deux chevaux. Des chasseurs s'éloignent, le
fusil en bandoulière.

Grande animation partout.

Signé Pater. — Gravé par Larmessin.

Collection de lord Shreswsbury d'Alton Trawers.

Collection van Cuyk.

Toile. Haut., 53 cent.; larg., 64 cent.

POUSSIN

(NICOLAS)

1594-1665

73 — La Jeunesse de Bacchus.

« Ce tableau enthousiasme les artistes ; c'est une
« simple petite ébauche dont le maître a probablement
« peint aussi la grande composition. Trois figures : Bac-
« chus enfant ; derrière lui, un faune au torse nu ; en
« avant, une femme accroupie. A droite, une panthère
« couchée. Le fond du paysage est frotté d'une brosse
« chaleureuse. Le torse du faune est touché comme
« par la main d'un statuaire. »

W. Burger.

Toile. Haut., 50 cent.; larg., 35 cent.

VERNET

(CLAUDE-JOSEPH)

1714-1789

74 — La Visite au port.

Une vaste baie entourée de montagnes. A gauche, au second plan, une villa, un navire à l'ancre; un autre navire arrive au mouillage, poussé par la brise.

Sur le premier plan, une nombreuse société se promène au bord de l'eau; les dames se garantissent du soleil, soit avec l'éventail, soit avec l'ombrelle; un homme marchande du poisson à des pêcheurs; à gauche, des domestiques préparent un déjeuner sous les arbres; à droite, l'animation du port.

Tableau très-bien composé et très-lumineux.

Signé Joseph Vernet, 1755.

Vente Demidoff, 1863, n° 13 du catalogue.

Toile. Haut., 87 cent.; larg., 136 cent

ANCIENNE ÉCOLE FRANÇAISE

75 — Portrait de Jeanne d'Arc.

Elle est revêtue d'une cuirasse, la main posée sur la garde de son épée, les cheveux blonds légèrement bouclés.

C'est un portrait du plus grand intérêt. Peinture fine, serrée d'exécution et d'un grand caractère.

Bois. Haut., 42 cent.; larg., 31 cent.

ÉCOLE ESPAGNOLE

ARELLANO

(JUAN DE)

Santorcas, 1614-1676

76 — Couronne de fleurs avec oiseaux et papillons.

Une couronne des fleurs les plus variées, au milieu de laquelle voltigent des oiseaux et des papillons.

Toile. Haut., 100 cent.; larg., 74 cent.

ESPINOSA

(JEAN DE)

Puente, 1653

77 — Couronne de fleurs et médaillon religieux.

Jésus enfant, tenant sa croix, apparaît au milieu d'une couronne de fleurs.

Toile. Haut., 75 cent.; larg., 62 cent.

GOYA

(Y LUCIENTES FRANÇOIS)

Fuendetodos (Aragon) 1746-1828

78 — Portrait de la duchesse d'Albe.

La duchesse est vêtue d'une robe verte, la poitrine couverte d'un fichu blanc, les cheveux légèrement poudrés et surmontés d'une gaze rosée.

Portrait en buste, très-harmonieux de ton et d'une exécution très-légère.

Galerie Urzaïs.

Toile. Haut., 55 cent.; larg., 40 cent.

EL GRECO

(THÉOTOCOPULI DOMINIQUE, DIT)

En Grèce, 1548-1625

79 — Portrait d'Alonzo de Herrera.

Vêtu de noir, la tête entourée d'une grande collerette, assis devant une table sur laquelle est un grand livre ouvert; la main droite relevée sur la poitrine, l'autre appuyée sur un livre.

« Peinture bien étrange et bien magistrale. »

W. BURGER.

Galerie Urzaïs.

Toile. Haut., 80 cent.; larg., 64 cent.

GOYA

(Y LUCIENTES FRANÇOIS)

Fuendetodes (Aragon), 1746-1828

80 — **Portrait d'enfant.**

Rien n'est plus charmant et plus original que ce petit bonhomme à la figure étonnée des sons qu'il fait résonner, en passant ses doigts sur une guitare.

L'exécution est d'une franchise extraordinaire.

Toile. Haut., 54 cent.; larg., 43 cent.

Goya

Portrait d'Enfant

MIRANDA

(JUAN DE)

81 — Fleurs autour d'un buste de femme.

Guirlandes de roses et d'autres fleurs autour d'une
sculpture représentant un buste de femme.

Toile. Haut., 110 cent.; larg., 85 cent.

MOYA

(PEDRO DA)

Grenade, 1610-1666

82 — Christ en croix.

« Le Christ semble jaillir du chaos. Il incline dou-
« loureusement, sur la poitrine, sa tête aux yeux
« éteints. Le torse, les jambes, les extrémités sont mo-
« delés superbement, et le dessin général de la figure
« a une grandeur fière qui rappelle les Florentins. »

W. BURGER.

Toile. Haut., 82 cent.; larg., 57 cent.

MURILLO

(BARTHELEMY ESTEBAN)

Séville, 1618-1682

83 — Vision de sainte Rosalie.

« La sainte, en robe blanche et manteau noir à ca-
« puchon, est agenouillée, présentant une rose au petit
« Jésus, tout nu, assis sur un drap blanc et coussin
« bleu. En avant, quelques roses et un livre fermé. A
« droite, des buissons de rosiers, de grands arbres, des
« fragments d'architecture et un fond de ciel. A gau-
« che, une traînée lumineuse descend de l'infini et ir-
« radie sur le groupe. »

W. Burger.

Collection Standish.

Galerie Urzaïs.

Toile. Haut., 115 cent.; larg., 108 cent.

Vision de Sainte Rosalie

MURILLO

(BARTHELEMY ESTEBAN)

Séville, 1618-1682

84 — **Sainte Rose**.

L'enfant Jésus lui apparaît dans sa gloire, avec son cortége de chérubins, au milieu d'un bouquet de roses qu'elle tient d'une main. L'autre main sur la poitrine et les yeux levés vers le ciel, la sainte semble être en extase.

La lumière divine éclaire toute la figure de sainte Rose que l'on ne voit qu'à mi-corps.

Collection Rhoné, 1857.

Toile. Haut., 91 cent.; larg., 73 cent.

PÉREZ

(BARTOLOMÉ)

1634-1693

85 — **Fleurs dans un vase**.

Iris, tulipes, roses et autres fleurs dans un vase.

Toile. Haut., 60 cent.; larg., 48 cent.

VÉLAZQUEZ

(DON DIEGO RODRIGUES DE SYLVA Y)

Séville, 1599-1660

86 — L'Infante Marguerite-Thérèse.

« Debout, de grandeur naturelle et tournée de trois
« quarts vers la gauche, la petite princesse, en robe de
« soie d'un gris argentin, éclate sur un fond neutre,
« avivé dans le haut, à droite, par un pan de rideau
« rosâtre.

« Sa chevelure blondine tombe mollement en bou-
« cles frisées. Sur le devant du corsage, aux épaulettes
« et aux poignets, quelques nœuds de rubans, couleur
« camélia. Ses petites mains pâles, à peine envermil-
« lonnées, tiennent, de chaque côté, un pli de sa robe
« qui se ballonne galamment.

« Le visage est d'une naïveté tout enfantine, frais
« de modelé, fin de ton, avec d'adorables nuances
« rosées. »

W. BURGER.

Galerie Urzaïs.

Toile. Haut., 137 cent.; larg., 104 cent.

Vélazquez

Bracquemond sc.   Imp. A. Salmon, Paris

Infante d'Espagne

ÉCOLE ESPAGNOLE

87 — Fleurs et fruits.

Une jeune femme et un enfant au milieu de fleurs et
de fruits, dans les jardins d'un palais.

Toile. Haut., 75 cent.; larg., 100 cent.

ÉCOLE ESPAGNOLE

88 — L'Infante Marie-Thérèse.

Portrait en buste.

Toile. Haut., 81 cent.; larg., 63 cent.

ÉCOLE ESPAGNOLE

89 — Isabelle de Bourbon, femme de Philippe IV.

Portrait en buste.

Toile. Haut., 83 cent.; larg., 63 cent.

ÉCOLE ESPAGNOLE

90 — Philippe IV.

Portrait en buste.

Toile. Haut., 83 cent.; larg., 63 cent.

ÉCOLE ITALIENNE

BOTICCELLI

(PIERRE-FRANÇOIS)

(?) XVIᵉ SIÈCLE

91 — Madone.

La Vierge est représentée à mi-corps, vêtue de la
robe rouge et du manteau bleu et tenant devant elle
l'enfant Jésus, qui, nu et debout, lui présente les pé-
pins d'une grenade.

Galerie Urzaïs.

Bois. Haut., 65 cent.; larg., 49 cent.

CAFFI

(MARGARITA)

Vicence, XVIIIe siècle

92 — Fleurs dans un vase et entourant une colonne.

Magnifique bouquet aux mille fleurs dans un vase orné de figures et se détachant sur un fond d'architecture : des branches sont tombées sur le piédestal, d'autres entourent une colonne.

Signé.

Toile. Haut., 194 cent.; larg., 127 cent.

CAFFI

(MARGARITA)

Vicence, XVIIIe siècle

93 — Fleurs dans la vasque d'une fontaine.

Une élégante fontaine, dont la vasque est pleine de fleurs, est restée debout au milieu des ruines d'un palais; des plantes, des fleurs entourent les colonnes brisées et tombées à terre.

Toile. Haut., 194 cent.; larg., 127 cent.

La Madone et l'Enfant Jésus

CARPACCIO OU SCARPACCIA

(VICTOR)

Venise, xve et xvie siècles

94 — La Madone et l'Enfant Jésus.

La Vierge, de profil, contemple, les mains jointes,
son bambin assis sur un coussin vert et tenant un livre.
Entre l'Enfant et la Vierge, le petit saint Jean.

« Ce travail est un chef-d'œuvre de couleur non
« moins que de style.

« Il porte une signature parfaitement originale.
« *Victoris Carpatio Veneti opus.* Le maître signait le
« plus souvent en latin : il a la gravité des maîtres
« primitifs, et comme coloriste il est aussi fort dans
« le ton local que Giorgione lui-même. »

W. BURGER.

Bois. Haut., 69 cent.; larg., 55 cent.

DIZIANI

(GASPARD)

Bellune, 1767

95 — Venise, l'île Saint Georges majeur.

La vue est prise du grand canal.

Bois. Haut., 46 cent.; larg., 73 cent.

FARELLI

(LE CHEVALIER JACQUES)

1624-1706

96 — Moine mendiant.

Vêtu d'une robe d'hermite, il tient à la main un bâton sur lequel il s'appuie et une pancarte avec l'inscription : *Charitas.*

Toile. Haut., 68 cent.; larg., 53 cent.

FIESOLE

(FRA ANGELICO DA)

Près du bourg de Vicchio, 1387-1455

97 — Calvaire.

Le Christ est en croix. La Vierge, les saintes femmes et les apôtres sont au pied du calvaire.

Peinture sur fond d'or.

Bois. Haut., 52 cent.; larg., 37 cent.

LUINI

(BERNARD)

Bourg de Luino, 1500

98 — Portrait de Léonore d'Este.

Elle est représentée en buste, les cheveux enveloppés d'une résille d'or, la taille entourée par une ceinture sur laquelle sont brodés des sujets de chasse; elle est vêtue d'une robe blanche ornée, au corsage, d'une couronne héraldique. A son cou est suspendu un médaillon.

Vente de M. B. de M., 1864, n° 6 du catalogue.

Toile. Haut., 58 cent.; larg., 44 cent.

TINTORET

(ROBUSTI, JACQUES DIT LE)

Venise, 1512-1594

99 — La reine de Saba au pied du trône de Salomon.

Ce tableau d'une très-belle ordonnance, où l'on retrouve l'admirable facture du maître, a appartenu à l'une des principales galeries d'Italie. Il a beaucoup souffert.

Toile. Haut., 149 cent.; larg., 241 cent.

ÉCOLE ITALIENNE

100 — Portrait d'homme.

Vêtu de noir, debout, il regarde le spectateur. La main gauche à la ceinture, il s'appuie de la droite sur une table qui porte un manuscrit.

Collection anglaise.

Galerie Urzaïs.

Bois. Haut., 100 cent.; larg., 78 cent.

ÉCOLE ALLEMANDE

AMBERGER

(CHRISTOPHE)

Nurenberg, 1490-1563

I — Portrait d'une vieille femme.

Elle est vêtue de noir et a la tête couverte d'une coiffe blanche. L'expression est pleine de bonhomie et de caractère. En haut, à gauche, on lit : « An aetatis 74, anno Dni 1538. »

Cette peinture, pleine de qualités, fait penser à un nom plus illustre.

Bois. Haut.. 32 cent.; larg., 22 cent.

DIETRICH OU DIÉTRICY

(CHRÉTIEN-GUILLAUME)

Weimar, 1712-1774

102 — David devant Saül.

David, couronné de lauriers, dépose aux pieds de Saül la tête et les armes de Goliath.

Composition pleine de fantaisie et avec beaucoup de personnages.

Bois. Haut., 56 cent.; larg., 44 cent.

ELZHEIMER

(ADAM)

Francfort-sur-Mein, 1574-1620

103 — Le Bon Samaritain.

« Paysage harmonieux, poétique et d'un grand sentiment. »   W. BURGER.

Les figures sont très-précieuses d'exécution.

Bois. Haut., 30 cent.; larg., 46 cent.

MENGS

(ANTOINE-RAPHAEL)

Aussig (Bohême), 1728-1779

104 — Portrait de Charles III, roi d'Espagne.

Vêtu d'un habit de velours grenat, le grand cordon
rouge en sautoir, le roi est assis devant une table chargée de papiers. Il tient de la main gauche une lettre ;
le geste de la main droite indique qu'il donne un
ordre.

Galerie Urzaïs.

Toile. Haut., 88 cent.; larg., 71 cent.

PLAZER

(JOHANN-VICTOR)

Mals, 1704-1767

105 — Bacchanale.

Bacchus encore jeune est assis sur un trône surmonté d'un tonneau, sur lequel il s'appuie ; autour
de lui des faunes et des nymphes dansent ou boivent.
En l'air, volent des amours portant des guirlandes
de raisins et de fleurs. Des accessoires de toutes sortes
jonchent le sol.

Cuivre. Haut., 47 cent.; larg., 65 cent.

ÉCOLES

FLAMANDE ET HOLLANDAISE

VAN ABTSHOVEN

(THÉODOR)

Anvers, 1648-1690

106 — La Tour de Babel.

L'immense construction s'élève. Une foule de tra-
vailleurs mettent la main à l'œuvre gigantesque.

Bois. Haut., 21 cent.; larg., 31 cent.

BABUREN

(THÉODOR)

Utrecht, 1570-1624

107 — Portrait de vieillard.

« Th. Baburen, maître très-rare, presque inconnu aujourd'hui, mais très-savant. »

W. BURGER.

Signé et daté.

Toile. Haut., 62 cent.; larg., 50 cent.

VAN BASSEN

(J.-BARTHÉLEMY)

1624

108 — Intérieur d'église, la Présentation au temple.

L'église est superbe d'architecture et construite en marbres de diverses couleurs. Un jubé surmonté d'un grand orgue traverse la nef du milieu.

Au premier plan, des figures peintes par *François Franck le jeune*, représentent saint Joseph apportant l'enfant Jésus au temple.

Bois. Haut., 60 cent.; larg.. 87 cent.

BEERSTRAATEN

(ALEXANDRE)

1660

109 — Marine, le sauvetage.

Plusieurs bateaux pêcheurs, poursuivis par le gros temps, viennent se heurter aux palissades qui défendent les dunes contre les attaques de la mer.

Des habitants s'empressent à leur secours : le vent souffle, la pluie tombe à torrent ; des promeneurs, dans le lointain, pressent le pas.

Toile. Haut., 54 cent.; larg., 69 cent.

Imp. A. Salmon, Paris

Animaux sur le bord d'un canal.

BERCHEM

(NICOLAS)

Haarlem, 1624-1683

110 — Animaux sur le bord d'un canal.

Un canal traverse le paysage ; ses eaux limpides re-
flètent toute une ville, que l'on aperçoit sur la rive
opposée, avec sa tour crénelée, son église et les arbres
des jardins.

Au premier plan, sur un tertre qui borde le canal,
une femme trait une vache sur le dos de laquelle s'appuie un paysan ; des vaches, des moutons et des chèvres paissent aux alentours.

Le ciel est magnifique. « Berchem n'a pas souvent
« fait de peinture aussi harmonieuse et aussi bien
sentie. »

W. BURGER.

Signé Berchem. F.

Vente du baron de Mecklembourg, 1854, n° 1 de ce catalogue.

Toile. Haut., 92 cent.; larg., 113 cent.

10

BERCHEM

(NICOLAS)

Haarlem, 1624-1683

111 — La Rencontre.

Un pâtre vu de dos, sa peau de mouton en dolman, chemine sur un cheval blanc. Il s'arrête pour parler à une femme qui descend la route, un paquet sous le bras, et suivie de sa vache.

« Tableau clair et fin, très-délicat de touche. »

W. BURGER.

Signé Berchem, 1653.

Vente Rhoné, n° 3 du catalogue.

Bois. Haut., 32 cent.; larg., 28 cent.

BERCHEM

(NICOLAS)

Haarlem, 1624-1683

112 — Le Passage de la montagne.

A travers une contrée au sol accidenté, des pâtres et une bergère montée sur un âne conduisent trois vaches et un troupeau de moutons.

A droite, un pont, et au delà, sur une hauteur, des fabriques.

Un soleil d'été éclaire le paysage.

Signé Berchem, 1640.

Vente Rhoné, n° 5 du catalogue.

Toile. Haut., 75 cent.; larg., 60 cent.

VAN BERCK
(J.-M.)
(?)

113 — Vase entouré de fleurs.

Un grand vase de pierre, posé sur un piédestal, est orné de fleurs variées; les branches sont enlacées dans les sculptures.

Sur le piédestal, un petit cochon dinde broute une des branches tombées.

Signé J.-M. Van Berck. F.

Toile. Haut., 93 cent.; larg., 75 cent.

BOTH
(DIT D'ITALIE)
Utrecht, 1610-1650

114 — Paysage italien, effet de soleil.

A gauche, s'élève un monticule traversé par un chemin couvert d'arbres et que suivent des voyageurs et des bestiaux. A droite, un gros arbre au pied duquel passe un muletier conduisant ses mules chargées. Dans le lointain, une rivière avec un pont antique. Plus loin encore deux plans de montagnes.

Tableau inondé de lumière.

Signé A. Both.

Collection Kalbrenner (1850).

Vente Piérard de Valenciennes, n° 6 du catalogue.

Cuivre. Haut., 37 cent.; larg., 48 cent.

CUIJP

(AALBERT)

Dordrecht, 1606-1667·

115 — Animaux dans un paysage.

« Des pâtres avec leurs vaches, blondes et brunes,
« couchées parmi les hautes herbes, dans un paysage
« radiant.

« Ce tableau porte la signature entière du maître ;
« ce qui semble le classer dans une période postérieure,
« intermédiaire, sans doute, entre la première manière
« et la manière décidément personnelle, qu'Aalbert
« Cuijp adopta dans sa maturité et jusqu'à sa fin.

« Il est comparable aux chefs-d'œuvre qu'on rencon-
« tre dans plusieurs galeries d'Angleterre et au grand
« paysage du Louvre n° 104, avec le Pâtre et son trou-
« peau. »

W. BURGER.

Signé A. Cuijp.

Toile. Haut., 107 cent.; larg., 151 cent.

Cuijp (c balbert)

Animaux dans un paysage

CUIJP

(AALBERT)

Dordrecht, 1606-1667

116 — Le Départ pour la chasse.

Devant une habitation ombragée de beaux arbres, passe un gentilhomme à cheval, il donne un ordre à un valet tenant en laisse deux grands levriers.

A gauche, la campagne est découverte, le ciel est d'une coloration très-brillante.

Signé A. Cuyp.

Bois. Haut., 52 cent.; larg., 62 cent.

CUIJP

(AALBERT)

Dordrecht, 1606-1667

117 — Portrait de femme.

« De grandeur naturelle, vue jusqu'aux genoux; la « tête fine et spirituelle, le costume austère mais ri- « che; une robe de soie noire ouvragée de guipures; « collerette, manchettes relevées, une chaîne d'or, « des bracelets et quelques bijoux. »

W. BURGER.

Elle tient à la main son éventail.

Daté A°. 1630.

Bois. Haut., 107 cent.; larg., 77 cent.

DUBBELS

(JEAN)

1713

118 — Marine, mer agitée.

La mer, quoique très-agitée, reflète les tons argentés du ciel ; les bateaux se penchent sous les efforts de la vague ; des navires, toutes voiles dehors, s'éloignent d'un port qu'on aperçoit à l'horizon.

Bois. Haut., 56 cent.; larg., 81 cent.

Henriette de Bourbon
reine d'Angleterre

VAN DYCK

(ANTOINE)

Anvers, 1599-1641

119 — Henriette de Bourbon, reine d'Angleterre.

« La reine est debout, vue jusqu'aux genoux, tournée
« vers la gauche, les deux mains croisées contre la
« taille. Une riche guipure dentelée couvre presque
« tout le corsage de sa robe d'épaisse étoffe de soie
« jaune citron. Cette étoffe est superbement peinte,
« surtout dans les manches à larges plis. Pour ceinture
« un ruban noir.

« A gauche, sur une table, la couronne royale, ornée
« de perles et de pierreries.

« La tête est sérieuse et mélancolique. »

W. BÜRGER.

Galerie Urzaïs.

Toile. Haut., 100 cent.; larg., 83 cent.

FLINCK

(GOVERT)

Clèves, 1615-1660

120 — **Portrait d'un jeune homme.**

Vêtu de noir, les cheveux blonds bouclés, figure expressive.

Bois. Haut., 28 cent.; larg., 23 cent.

Hals (Frans)

Portrait de femme

HALS

(FRANS)

Malines, 1584-1666

121 — Portrait de femme.

« De grandeur naturelle, vue jusqu'aux genoux et
« tournée vers la gauche. Elle porte un costume noir ;
« sur la tête, une cornette blanche. Les deux mains,
« doigts entrelacés, sont abandonnées sur le devant de
« la taille. Point d'accessoires inutiles. Un bijou seule-
« ment au corsage. La tête se modèle grassement sur
« un fond neutre. »

W. BURGER.

Collection Pérignon.

Galerie Urzaïs.

Toile. Haut., 100 cent.; larg., 82 cent.

VAN HELLEMONT

(MATHIEU)

Bruxelles, 1630-1719

122 — Une Kermesse.

Une immense table est dressée devant un grand bâtiment de ferme ; la société est joyeuse, chacun rit, boit et mange. D'autres groupes de buveurs sont formés de tous côtés ; des gens de qualité arrivent à la fête ; les ménétriers accordent leurs instruments.

Au premier plan, à droite, un cuisinier en plein vent surveille les marmites et donne des ordres à une servante ; dans le fond, une ville dont on aperçoit les clochers.

« Le chef-d'œuvre de l'artiste. »

W. BURGER.

Signé.

Toile. Haut., 136 cent.; larg., 195 cent.

Entrée d'un Château fort.

VAN DER HEIJDEN

(JEAN)

Gorcum, 1637-1712

123 — Entrée d'un château-fort.

Un pont de deux arches, en briques, jeté sur un torrent, conduit à gauche à un château-fort, avec lequel
il communique par un pont-levis. A droite, des terrains boisés.

Au deuxième plan, dans le lointain, des chutes d'eau,
des rochers, un village.

Les figures sont d'Eglon Van der Neer. « Très-vigou-
reux de ton. »

W. BURGER.

Signé V. Heijden.

Collection Delessert.

Vente Piérard, 1860, n° 26 du catalogue.

Bois. Haut., 45 cent.; larg., 60 cent.

HOBBEMA

(MEINDERT)

Amsterdam, 1638 (?)

124 — Maison de campagne hollandaise.

« Un jardin bordé d'ormes, en avant d'une habita-
« tion bourgeoise. A gauche, une route qui se con-
« tourne sur le premier plan. Le long de la route quel-
« ques figurines de cavaliers et une voiture à deux
« chevaux.

« Mais l'exécution fait oublier l'insignifiance du su-
« jet. La couleur est forte et juste, la perspective bien
« graduée, le ciel profond et d'une belle tonalité. On
« attribue les figures à Nicolas de Nelt Stokade. »

W. BURGER.

Signé Hobbema.

Catalogué dans Smith, no 30, vol. VI, page 123.

Collections Lanjac, 1008; Erard, 1832; Tardieu, 1841; de
Morny et Piérard.

Toile. Haut., 97 cent.; larg., 122 cent.

Maison de Campagne Hollandaise

Hobbema (Meindert.)

L'Entrée de la Forêt

HOBBEMA

(MEINDERT)

Amsterdam, 1638 (?)

125 — L'Entrée de la forêt.

Du fond d'une forêt sort une route qui, tournant autour d'une chaumière avec son enclos garni de palissades, va se perdre dans la campagne.

Sur cette route, un cavalier chemine escorté de ses chiens ; il est suivi à distance par une cariole conduite par un paysan.

Superbe tableau.

Galerie Hope, 1855.

Signé **M.** Hobbema.

Bois. Haut., 62 cent.; larg., 85 cent.

HOBBEMA

(MEINDERT)

Amsterdam, 1638 (?)

126 — Le Moulin à eau.

« Même site et presque même composition, que ce-
« lui de la galerie de M. de Morny. Les dimensions ne
« sont pas les mêmes et les variantes sont surtout dans
« la couleur et dans l'effet. La lumière est distribuée
« autrement, avec moins d'éclat, mais non avec moins
« de justesse.

« Ce moulin plaisait à Hobbema, qui l'a répété même
« une troisième fois, avec d'autres variantes, dans un
« tableau de la magnifique galerie de lord Overstone,
« à Londres. Ces répétitions ne sont pas rares dans
« l'œuvre de Hobbema ; Smith, dans son catalogue, si-
« gnale plusieurs de ces *duplicatas*. »

W. BÜRGER.

Bois. Haut., 76 cent.; larg., 111 cent.

Hobbema

_Le Moulin à eau

Un intérieur Hollandais

HOOCH

(PIETER DE)

1635-?

127 — Un Intérieur hollandais.

Une femme, assise dans l'angle de la pièce, tient un enfant sur ses genoux et lui montre une petite fille, debout devant elle, avec un chien dans ses bras.

L'intérieur est d'une grande simplicité et éclairé seulement par une fenêtre que l'on aperçoit dans une seconde pièce au fond ; l'air circule et une douce lumière enveloppe tout le tableau.

Signé P D H, 1698.

Vente du baron de Mecklembourg (Paris, 1854), no 4 du catalogue.

Collection Van Cuyck (1858).

Bois. Haut., 60 cent.; larg., 47 cent.

VAN HUIJSUM

(JEAN)

Amsterdam, 1682-1749

128 — Bouquet de fleurs, avec un nid.

Des roses, des iris et d'autres fleurs réunies en bouquet, dans un grand verre, sont posés sur une table de marbre près d'un nid. Des insectes et des papillons voltigent autour des fleurs.

« Cette peinture est une des œuvres les plus rares
« et les plus prodigieuses du maître. »

W. BÜRGER.

Signé Jan Van Huysum.

Collection Vrancken de Lokeren, 1838.

Collection Ghedoff de Gand, Bruxelles, 1849.

Vente Patureau, 1857, nº 11 du catalogue.

Décrit au catalogue raisonné de Smith, tome VI, page 474.

Toile. Haut., 41 cent.; larg., 34 cent.

JANSSENS

(CORNEILLE, DIT JANSSENS VAN CEULEN LE VIEUX)

Amsterdam, 1590-1665

129 — **Portrait du professeur Emilius.**

« Chairs et coloris naturels, ton transparent, fini,
« précieux. Les portraits de Jansens, presque toujours
« drapés de noir, eurent une grande vogue en Angle-
« terre. »

W. BURGER.

Toile. Haut., 110 cent.; larg., 88 cent.

LINGELBACH

(JEAN)

Francfort-sur-le-Mein, 1625-1687 (?)

130 — **La Chasse au faucon.**

Au milieu d'une plaine, des cavaliers se livrent au
plaisir de la chasse. Au premier plan à gauche, le fau-
connier avec ses oiseaux sur leurs perchoirs.

De nombreux personnages, dans des attitudes spiri-
tuellement étudiées, complètent ce charmant tableau.

Signé Lingelbach.

Collection Van Cuyck.

Bois. Haut., 35 cent.; larg., 42 cent.

LIS

(JEAN, DIT PAN)

Hoorn, 1629

131 — Portrait de femme.

Elle est vêtue d'une robe noire décolletée, à manches rouges brodées d'or; les cheveux relevés au front tombent en boucles sur le cou.

Portrait très-intéressant d'exécution.

Bois. Haut., 56 cent.; larg., 42 cent.

Van der Meer (de Delft)

Le Géographe

VAN DER MEER

(OU VER MEER DE DELFT)

Delft, (?) 1632 (?)

132 — Le Géographe.

« Debout devant une table chargée de cartes et de
« papiers, il se penche pour étudier un détail qui l'in-
« téresse ou mesurer une distance. De la main droite
« il tient un compas, de l'autre il s'appuie sur un livre
« fermé. Il est vêtu d'une robe de chambre bleue, dou-
« blée d'une étoffe orangée. Des instruments de tra-
« vail forment presque tout le mobilier. Au fond est
« une bibliothèque surmontée d'une sphère. Une douce
« lumière pénètre dans la chambre par une croisée à
« petits carreaux et éclaire avec une vérité merveil-
« leuse cet intérieur, etc. »

PAUL MANTZ, *Gazette des Beaux-Arts*, tome VIII,

Vente du célèbre cabinet de Jan Danser Nyman, Amsterdam, 1797, n° 168 du catalogue.

Collection de M. A. Dumont, de Cambrai.

Gravé dans l'*Histoire des Peintres* (École hollandaise).

Toile. Haut., 51 cent.; larg., 44 cent.

VAN DER MEER

(OU VER MEER DE DELFT)

Delft, (?) 1632 (?)

133 — L'Astrologue.

(Même sujet que le précédent, mais traité différemment.)

« Il est assis devant une table couverte d'un ta-
« pis oriental et sur laquelle sont une sphère, une
« équerre, un compas, des livres. La main gauche est
« posée sur cette sphère. La main droite tient un livre
« ouvert. La tête, de profil à droite, est coiffée d'un
« ample bonnet, sous lequel descendent de longs che-
« veux blonds. La robe très-large est d'un gris sourd.
« Dans les demi-teintes, une bibliothèque, une carte
« géographique, un pan de rideau, etc. »

W. BURGER.

Vente du célèbre cabinet de Jan Danser Nyman, Amsterdam, 1797, n° 167 du catalogue.

Collection de lord ****.

Bois. Haut., 47 cent.; larg., 36 cent.

MIÉRIS

(WILLEM)

Leyde, 1662-1747

134 — Portrait de l'amiral Tromp.

L'amiral est vu à mi-corps, vêtu d'un habit marron ; une cravate de dentelle tombant sur la poitrine ; il est debout, le bras gauche appuyé sur un piédestal recouvert d'un tapis ; de la main droite il tient son épée.

Signé W. Van Miéris. *Fecit* an 1688.

Vente Patureau, 1857, n° 7 du catalogue.

Collection Van Cuyck, 1858.

Bois. Forme cintrée par le haut. Haut., 23 cent.; larg., 18 cent.

MIÉRIS

(WILLEM)

Leyde, 1662-1747

135 — Son portrait.

En buste, vêtu d'une robe de chambre brune, les cheveux longs et bouclés, cravate blanche.

On lit au coin à droite : *œtat.* 53.

Bois. Forme ovale. Haut., 15 cent.; larg., 11 cent.

MIÉRIS

(WILLEM)

Leyde, 1662-1747

136 — La Séduction.

Un vieillard, au front dénudé, offre de l'or à une femme qui s'éloigne et semble refuser son offre; un petit chien court après elle en aboyant.

Le fond représente le jardin d'un palais.

Vente Rhoné, 1861, n° 35 du catalogue.

Cuivre. Haut., 32 cent.; larg., 25 cent.

PETER NEEFS

(LE VIEUX)

Anvers, 1570-1651

137 — Intérieur d'église.

La nef est d'une grande étendue; à droite, une petite chapelle carrée, et à gauche une série d'autres chapelles, dont une élevée de plusieurs marches; quelques figures.

Bois. Haut., 37 cent.; larg., 51 cent.

Van der Meer

Effet de Nuit

NEER

(ARNOULD OU ARENT VAN DER)

1616-1680

138 — Paysage, effet de nuit.

« Le paysage est doucement éclairé par la lune, qui
« argente de ses reflets la surface des canaux et jette
« des tons de perle sur les terrains. Des filets de pê-
« cheurs sont étendus sur des perches au bord de
« l'eau. »   W. B.

Des pêcheurs, dans une barque, jettent leur filet. A
l'horizon une ville.

Signé du monogramme A V D N. enlacés.

Vente Rhoné, n° 41 du catalogue.

Toile. Haut., 51 cent.; larg., 41 cent.

NEER

(ARNOULD OU ARENT VAN DER)

(?) 1616-1680

139 — **Un Clair de lune.**

La lune éclaire magnifiquement le ciel et les eaux d'un large canal, couvert d'embarcations qui font voile de tous côtés. Les marécages des premiers plans sont animés de pêcheurs qui posent leurs filets, ou se dirigent dans des barques vers les habitations du rivage. A gauche s'élève une tour en ruine.

A l'horizon plusieurs clochers et la mer.

Tableau important, plein d'effet et de poésie.

Signé du monogramme A V D N.

Collection Louis Viardot 1861.

Toile. Haut., 66 cent.; larg., 85 cent.

Van der Meer

Un clair de Lune.

VAN DER NEER

(EGLON)

Amsterdam, 1643-1703

140 — Une Grande dame.

Elle descend un escalier de deux marches, ayant à sa droite son chien et regardant à sa gauche un singe enchaîné sur un pilastre où se trouve jeté un tapis. Elle est vêtue d'une jupe en satin cerise brodée d'or, et d'un corsage avec seconde jupe en satin blanc à crevés de satin cerise.

Sur le palier de l'escalier, on voit plusieurs figures ; à gauche, un domestique assis à une table au-dessus de laquelle pend un grand miroir au cadre armorié.

Les tableaux de ce maître sont très-rares.

Signé, daté 1665, E. Van der Neer, *fec.*

Collection Étienne Le Roy.

Collection Rhoné.

Vente Piérard de Valenciennes, n° 52 du catalogue.

Toile. Haut., 64 cent.; larg., 54 cent.

13

NETSCHER

(CONSTANTIN)

La Haye, 1670-1722

141 — Portrait d'une princesse d'Orange.

Debout, vêtue d'une robe bleue décolletée et brodée d'or, les bras nus sous de larges manches blanches, elle ôte de ses épaules un manteau de velours rouge garni d'hermine.

Deux oranges sont placées sur une table.

On aperçoit au fond, les allées d'un parc orné de statues.

Toile. Haut., 52 cent.; larg., 42 cent.

Van Ostade (Adrien)

Pourtry sc.

Imp. A. Salmon. Paris.

La partie

VAN OSTADE

(ADRIAAN)

Lubeck, 1610-1685

142 — La Partie.

Cinq personnages sont groupés dans différentes attitudes, autour d'une table. L'un d'eux se verse à boire, tout en causant avec une femme ; il a un homme debout derrière lui. Un autre, vu de dos, se penche pour parler à son voisin.

Au fond, un jeune garçon fait boire une fillette.

Bois. Haut., 37 cent.; larg., 44 cent.

VAN OSTADE

(ADRIAAN)

Lubeck, 1610-1685

143 — Le Cabaret.

Un buveur et un fumeur sont attablés dans un cabaret. Tandis que l'un se dispose à verser à boire, l'autre allume sa pipe.

Tableau très-sobre de ton et très-harmonieux.

Signé A. Ostade.

Galerie Urzaïs.

Bois. Haut., 26 cent.; larg., 31 cent.

Van Ostade (Adrien)

Le Cabaret

Ostade (Adrien van)

Un buveur

VAN OSTADE

(ADRIAAN)

Lubeck, 1610-1685

144 — **Un Buveur**.

Coiffé d'un chapeau, assis près d'une table sur laquelle sont posés un pot d'étain et une pipe, il tient un verre à la main et sourit au bonheur de boire.

« Le même bonhomme que van Ostade a peint plu-
« sieurs fois, notamment dans un tableau du musée de
« Rotterdam, et qui posa aussi pour Jean Steen, dans
« un tableau du même musée. »

W. BURGER.

Signé A. Ostade. 1651.

Cabinet Goll d'Amsterdam.

Vente du baron ***. Avril 1857, n° 10 du catalogue.

Bois. Haut., 22 cent.; larg.. 19 cent.

VAN OSTADE

(ADRIAAN)

Lubeck, 1610-1685

145 — Joueurs de cartes dans un cabaret.

Un groupe de trois joueurs; deux sont assis sur un banc qui leur sert en même temps de table. Un fumeur debout regarde la partie.

L'intérieur est d'une grande rusticité.

Collection Demidoff.

Bois. Haut., 20 cent.; larg., 25 cent.

RAVESTEIN

(JEAN, VAN)

Lahaye, 1580-1657

146 — Portrait de femme.

En buste, avec une grande collerette en guipure dentelée, un nœud rouge au corsage.

Les cheveux blonds, ornés d'un rang de perles.

Bois, ovale. Haut., 56 cent.; larg., 45 cent.

Portrait de Juste-Lipse

REMBRANDT

(VAN RYN)

Leyde, 1607-1669

147 — Portrait de Just Lipse.

« Il y a de superbes Rembrandt dans les collections
« particulières de Paris, il n'y en a pas qui soit de plus
« belle qualité que celui-ci. C'est le portrait catalogué
« par Smith, n° 349, comme représentant Juste Lipse,
« le célèbre philologue et philosophe, né en 1547,
« mort en 1606. A la vente du cardinal Fesch, Rome,
« 1845, la même dénomination fut conservée à ce per-
« sonnage, dans le catalogue rédigé par M. George.
« Mais cependant, le portrait étant peint d'après na-
« ture, sans aucun doute ; il ne représente donc point
« Justus Lipsius, mort trente-huit ans avant la date
« qui accompagne la signature du tableau : — 1644.

« De grandeur naturelle, vu jusqu'à mi-jambes, le
« corps un peu tourné vers la droite, la tête presque
« de face, l'homme est assis sur un fauteuil de cuir à
« clous dorés. De la main gauche il feuillette un in-fol.
« ouvert sur une table, où se trouvent d'autres livres
« et une écritoire ; un de ces livres a pour titre : *Institu-*
« *tions de Calvin*. De la main droite, abandonnée
« sur la cuisse, il tient des lunettes. La tête énergique
« et très-caractérisée est couronnée d'une petite calotte
« au sommet. Une plume, noircie par l'encre, est
« posée entre l'oreille et la tempe, comme au cran

« d'une patère. Le modèle était donc certainement un
« écrivain, un philosophe, une espèce de réformateur?
« Ses traits anguleux, son teint basané, son œil pro-
« fond trahissent les fatigues du travail intellectuel.
« Une large simarre garnie de fourrure recouvre le
« costume tout noir. Seulement, une fraise plissée des-
« sine autour du cou un demi-cercle blanc, sur lequel
« s'enlève le visage. La lumière, ménagée dans tous
« les accessoires, ne frappe que là, sur ce front médi-
« tatif, et sur la main qui touche le livre.

« La tête qui pense, la main qui agit, c'est tout
« l'homme que Rembrandt, par un artifice singulière-
« ment expressif, a voulu représenter. Rembrandt est
« comme cela : il peint le caractère, la vie, l'âme!
« D'autres portraitistes, Van Dyck, lui-même, bien sou-
« vent, mais par exemple Rigaud, presque toujours, pei-
« gnent les étoffes, les velours, dentelles et falbalas qui
« enveloppent la personnalité de leur modèle. — L'ha-
« bit ne fait pas l'homme.

« On pourrait dire d'une façon générale, que Rem-
« brandt affectionnait trois gammes de couleur, qui
« se rapportent aux trois périodes de son œuvre, bien
« que ces dominantes variées s'entre-croisent parfois
« dans ses peintures de toutes les époques. D'abord, il est
« surtout clair et argentin, dans sa première manière,
« jusque vers 1640. Puis de 1640 à 1650, il tourne aux
« tons dorés et fauves, comme la couleur de la peau
« de lion et de la peau de tigre. Puis l'or se fonce et
« brunit dans des tons plus roux. La *Leçon d'anatomie*,
« la *Ronde de nuit*, *les Syndics*, représentent assez bien
« ces trois modifications, quant à la couleur.

« Le portrait de Juste Lipse appartient à la seconde

« manière, à la qualité fauve, 1644, deux ans après la
« *Ronde de nuit*. C'est le moment de la toute-puissance
« de Rembrandt. »

W. Burger, Gazette des Beaux-Arts, 1864, t. XVI,
p. 237 et suivantes.

Vente du cardinal Fesch.

Catalogué dans Smith, n⁰ 349.

Gravé à l'eau-forte par Flameng.

Daté 1644.

Toile. Haut., 128 cent.; larg., 104 cent.

RUBENS

(PIERRE-PAUL)

Cologne (?) 1577-1640

148 — Apollon et Midas.

« Six figures entières, à peu près dans la proportion
« des figures de la *Fuite de Loth* du Louvre.

« Les compositions avec de petites figures sont très-
« rares dans l'œuvre de Rubens et très-recherchées;
« *car ce sont les seules qu'il ait peintes de sa main.*

« Ici Rubens lui-même se reconnaît à l'incomparable
« qualité d'une couleur fleurie, au charme des figures
« de femmes assises à gauche, à l'ampleur du paysage
« où se passe la scène, aux accents lumineux répandus
« partout.

« L'Apollon, debout au milieu, est le même, à peu
« près, que l'Apollon d'un des tableaux de la galerie de
« Médicis. Les femmes sont des portraits, et l'une d'elles
« paraît être le portrait d'une des femmes de Ru-
« bens.

« Ce tableau a un éclat extraordinaire, et fait pâlir
« tout son entourage. »

W. Burger.

Galerie de lord ***.

Collection Otto Mundler, 1863.

Bois. Haut., 74 cent.; larg., 102 cent.

Rubens

Appollon et Midas

Ruisdael (Jacques)

L. Gaucherel sc.
Imp. A. Salmon, Paris
Le Château

RUISDAEL

(JACOB VAN)

Haarlem, 1625-1681

149 — Paysage, le château.

Un élégant petit château s'élève au milieu d'un parc boisé, bordé en avant par une rivière. Au premier plan, les eaux s'échappant par une ouverture du rocher descendent, en bouillonnant, au milieu des pierres et des arbres brisés. Le ciel est très-clair.

Ce tableau est d'une exécution très-serrée.

Signé J. Ruisdael.

Collection Rhoné.

Toile. Haut., 71 cent.; larg., 55 cent.

RUISDAEL

(van jacob)

Haarlem, 1625-1681

150 — Paysage, la chute d'eau.

Une rivière prenant sa source à gauche, dans une chaîne de montagnes, occupe le centre du paysage. Ses eaux se précipitent par une sorte de barrage formé de rochers et se perdent dans un ravin.

Au premier plan des arbustes et des broussailles.

Au-dessus de la cascade, un pont rustique sur lequel passe un voyageur, et qui conduit sur la rive opposée à un coteau couvert de bois touffus. Plus loin, sur une colline, des maisons : le vent soutient de gros nuages gris sur la campagne encore humide des dernières averses.

Signé J. Ruisdael.

Vente baron de Mecklembourg, 1854, n° 17 du catalogue.

Toile. Haut., 76 cent.; larg., 94 cent.

Ruisdael (Jacques)

La chute d'Eau

RUISDAEL

(JACOB VAN)

Haarlem, 1625-1681

151 — La Blanchisserie d'Overveen, près de Haarlem.

« Campagne plate, que le maître a peinte souvent,
« avec les prés sur lesquels sont étendues des pièces de
« toile à blanchir. »

W. BURGER.

Le ciel, qui a une grande importance dans ce tableau,
est très-fin de ton.

Signé J. Ruisdael.

Vente Rhoné, n° 51 du catalogue.

Toile. Haut., 54 cent.; larg., 66 cent.

RUISDAEL

(JACOB VAN)

Haarlem, 1625-1681

152 — Mare dans un bois.

« Le ciel, orageux et sombre, laisse tomber en cer-
« tains endroits des rayons égarés qui découpent en
« clair la cime des arbres, pendant que, sur des plans
« plus rapprochés, tout est enveloppé d'ombre. Les
« dessous de bois sont pleins de mystère. Toute la

« poésie mélancolique d'un des plus nobles paysagistes
« du Nord se révèle déjà dans cette petite peinture de
« sa jeunesse. Elle doit être de 1649 à 1650. »

W. BÜRGER.

Signé du monogramme J. R.

Bois. Haut , 36 cent.; larg., 48 cent.

RUISDAEL

(JACOB VAN)

Haarlem, 1625-1681

153 — Torrent formant cascade.

Du fond du paysage le plus pittoresque et le plus
accidenté, un torrent se précipite en bouillonnant. Il
entraîne sur son passage rochers et troncs d'arbres.
Le ciel est couvert de gros nuages.

Signé J. Ruisdael.

Collection Viardot, 1856.

Toile. Haut., 87 cent.; larg., 95 cent.

SCHALKEN

(GODEFROID)

Dordrecht, 1643-1706

154 — La Veille de la bataille.

Dans une vaste salle, servant de corps de garde, un officier portant l'écharpe bleue en sautoir est assis devant un tambour sur lequel sont étendus des plans ; un compas à la main, il mesure les distances. Un autre officier, à demi étendu sur un banc en face de lui, écoute ses observations.

Sur le premier plan, à gauche, un jeune homme debout, un verre à la main, semble vouloir s'enivrer ; une jeune femme assise près de lui le retient par le bras. Le soldat qui vient de lui verser à boire le regarde avec dédain. Dans le fond de la salle, d'autres figures de soldats et de femmes.

Cette scène semble tirée de l'histoire d'Angleterre.

Signé Schalken.

Bois. Haut., 121 cent.; larg., 120 cent.

SCHALKEN

(GODEFROID)

Dordrecht, 1643-1706

155 — **Un Vieil hermite.**

Vêtu d'une grande robe de moine, à la lueur d'une lampe fumeuse et aidé de ses lunettes, il lit dans un livre.

Devant lui, une table avec des livres et une tête de mort.

Toile. Haut., 43 cent.; larg., 33 cent.

SCHMIDT

(ARNOLD)

156 — **Les Approches de la tempête.**

Le ciel est noir et, sur les eaux qui commencent à s'agiter, un navire et un bateau pêcheur fuient la tempête. A droite, la plage et des dunes ; à l'horizon, la ville de Dordrecht.

Toile. Haut., 65 cent ; larg., 85 cent.

SCHOEVAERDTS

(MATHIEU)

Bruxelles, xviie siècle

157 — Bassin d'un port de Hollande.

La vue est prise de l'intérieur du port ; à droite et à gauche du bassin, les mâts des navires et de grandes constructions dominées par une église ; au premier plan, une grande quantité de barques, de figures, de chevaux, de voitures, etc.

Toile. Haut.. 81 cent.; larg., 44 cent.

SEGHERS

(DANIEL)

Anvers, 1590-1661

158 — Fleurs ornant un médaillon.

Des fleurs, arrangées en guirlandes, ornent la bordure de pierres qui encadre un médaillon représentant des enfants jouant à Colin-Maillard.

Toile. Haut., 116 cent.; larg.. 100 cent.

SEGHERS

(DANIEL)

Anvers, 1590-1661

159 — Fleurs ornant un médaillon.

L'arrangement est le même dans ce tableau, qui fait pendant au précédent. Le médaillon représente des enfants bacchants.

Toile. Haut., 116 cent.; larg., 100 cent.

SLINGELAND

(PIERRE VAN)

1640-1691

160 — La Leçon de musique.

« Une femme en jaquette bleue et robe de satin
« blanc est assise de face, près d'une table de marbre,
« couverte en partie d'un tapis de velours rouge ; de
« la main droite elle tient un petit épagneul ; de la
« main gauche un cahier de musique. Le maître de
« musique, assis près d'elle, accorde son violon en
« faisant des mines aimables. Fond d'architecture.

« Ce tableau est assurément le chef-d'œuvre de l'ha-
« bile élève de Gérard Dow. »   W. BURGER.

Signé, daté : P. V. Slingeland, 1665.

Vente Rhoné.

Bois. Haut., 61 cent.; larg., 48 cent.

VAN SPAENDONCK

(GÉRARD)

Tilburg, 1746-1822

161 — Fleurs et fruits.

Dans une corbeille posée sur une table, des roses,
des tulipes, des iris et des giroflées. Sur le marbre de
la table trois pêches, une prune et une grappe de gro-
seilles.

Signé.

Collection Rhoné, 1856.

Toile. Haut., 38 cent.; larg., 46 cent.

TÉNIERS

(DAVID, LE JEUNE)

Anvers, 1610-1689

162 — La Tentation de saint Antoine.

Agenouillé dans sa grotte, le saint est obsédé par des êtres fantastiques.

Une vieille à la tête cornée lui présente à boire; un démon tient dans sa main un grand balai surmonté d'une chandelle, un autre démon lit un grimoire, un autre fume.

A droite, un être fantastique, avec tête de cerf décharnée, tient un rosaire entre ses griffes.

Au-dessus du saint voltigent des hiboux, des salamandres et toutes sortes d'oiseaux de nuit.

Signé D. Téniers, f., et du monogramme T sur la robe du saint.

Vente Patureau, n° 36 du catalogue.

Bois. Haut., 39 cent.; larg., 28 cent.

Téniers (David)

_La partie de trictrac

TÉNIERS

(DAVID, LE JEUNE)

1610-1689

163 — La Partie de trictrac.

Dans une vaste salle, sur une table recouverte d'un tapis vert, deux jeunes gens font une partie de trictrac. L'un debout, appuyé sur la table, coiffé d'un chapeau orné d'une plume de coq, tient les dés dans sa main fermée et regarde le coup que lui fait son adversaire; celui-ci est assis; sa figure exprime l'attention qu'il porte à son jeu. Une femme, près de la table, s'intéresse à la partie ainsi qu'un autre personnage placé derrière les joueurs.

Un homme, le dos à la cheminée, cause avec une femme assise près de lui. A terre, de nombreux accessoires.

Signé D. Téniers, f.

Collection Rhoné, 1855.

Bois. Haut., 15 cent.; larg., 55 cent.

TÉNIERS

(DAVID, LE JEUNE)

Anvers, 1610-1689

164 — Les Joueurs de boules.

Une partie de boule est engagée devant un cabaret où buveurs et buveuses sont attablés.

Au fond, à gauche, un cortége de danseurs précédés d'un ménétrier.

Signé D. Téniers, fec.

Collection Rhoné, 1856.

Bois. Haut., 25 cent.; larg., 35 cent.

Téniers (David)

Tabagie

TÉNIERS

(DAVID, LE JEUNE)

Anvers, 1610-1689

165 — **Tabagie**.

Assis sur un baquet renversé, devant une table, un joyeux compagnon, tenant sa pipe à la main, élève son verre en chantant.

Près de lui, une femme écoute le gai refrain.

Au fond, deux personnages se chauffent à une cheminée.

A une petite lucarne apparaît une tête de curieux.

Collection Rhoné.

Bois. Haut.. 41 cent.; larg., 33 cent.

TERBURG

(GÉRARD)

Zwolle, 1608-1681

166 — **Portrait d'homme.**

« Debout, presque de face, costume tout noir, cha-
« peau à larges bords. Figure entière haute d'environ
« 45 centimètres.

« On dirait un Vélasquez de grandeur naturelle, tant
« il y a de caractère dans la tournure et de vie dans
« l'expression. Les noirs profonds du costume se mo-
« dèlent sur un fond neutre d'un ton inapprécia-
« ble.

« Ce portrait fait penser aux plus grands maîtres,
« non-seulement à Vélasquez, mais à Rembrandt, à
« Van Dyck. »

W. BÜRGER.

Ancienne collection d'Ary Scheffer.

Toile. Haut., 69 cent.; larg., 51 cent.

Portrait d'homme

UCHTERVELT

(JACQUES)

1675

167 — Portrait de Guillaume II de Nassau, prince d'Orange et de sa famille.

La princesse, habillée de satin blanc est assise à gauche, près d'une table couverte d'un riche tapis; elle tient une orange à la main.

Sa fille, portant une robe à traîne, joue avec un petit chien qui jappe après elle.

Au fond, le prince est debout, la tête tournée vers le spectateur et la main posée sur le dossier d'une chaise.

Toile. Haut., 91 cent.; larg., 72 cent.

VALKENBURG

(THIERRY)

Amsterdam, 1675-1721

168 — Coq, poule et canards.

Un coq, une poule, des canards et leurs petits, dans un enclos couvert d'arbres; au fond, les bâtiments de la ferme.

Toile. Haut., 85 cent.; larg., 73 cent.

VAN DE VELDE

(WILLEM)

Leyde, 1633-1707

169 — Marine.

La brise, sur une mer calme, fait avancer une flotte portant le pavillon hollandais. L'horizon est très-bas et le ciel très-lumineux. Au premier plan, à droite, sur une estacade, deux figurines ; à gauche, un canot monté par deux hommes.

Signé W. V. Velde, 1666.

Collection Rhoné, 1854.

Toile. Haut., 63 cent.; larg., 57 cent.

Marine

Van de Velde (Guillaume)

E. Gaucherel sc.

Imp. A. Salmon, Paris

Batiments en rade

VAN DE VELDE

(WILLEM)

Amsterdam, 1633-1707

170 — Marine, bâtiments en rade.

La mer est calme, le ciel est clair et brillant. Toute une flotte est au mouillage; des embarcations sans nombre sillonnent la rade. Les pavillons des navires flottent au vent ; sur la gauche, des ouvriers radoubent un bâtiment.

Grande et belle composition.

Signé du monogramme W. V. V.

Vente de Mecklembourg, n° 27 du catalogue, 1854.

Toile. Haut., 77 cent.; larg., 108 cent.

VAN DE VELDE

(ADRIAN)

Amsterdam, 1639-1672

171 — La Métairie.

Un berger est couché près de son troupeau. Une femme occupée à traire une vache est au milieu du groupe.

« Nous ne craignons pas, disait M. Charles Paillet,
« *Catalogue Baudin*, de classer ce tableau au premier
« rang, comme complet dans toutes ses parties et ne
« le cédant point en qualité au numéro 31 de la vente
« du duc de Berri, au numéro 43 de la vente Héris,
« au numéro 38 de la vente Perregaux. »

Signé.

Vente Baudin (1843).

Collection Kalbrenner.

Vente Rhoné, 1861, no 64 du catalogue.

Bois. Haut., 23 cent.; larg., 29 cent.

Van de Velde (Adrien)

Métairie

Van de Velde (Adrien)

E. Gaucherel sc.   Imp. A. Salmon Paris

Vue de Hollande

VAN DE VELDE

(ADRIAN)

Amsterdam, 1639-1672

172 — Paysage, vue de Hollande.

L'horizon est très-étendu, une rivière serpente au loin au milieu du paysage. Le ciel est clair, légèrement nuageux.

Au premier plan, sont de charmantes figures ; un cavalier suivi de deux chiens cause avec un petit berger qui garde ses moutons.

« Peinture exquise pleine de vérité et de sentiment. »

W. BURGER.

Collection Nieuwenhuys.

Vente Rhoné, n° 67 du catalogue.

Toile. Haut., 41 cent.; larg., 54 cent.

VERSCHUUR

(LIEVEN)

Rotterdam, 1680

173 — Marine, vue de Hollande.

Un vent frais agite la surface de l'eau ; des embarcations circulent dans différentes directions. A droite des navires, leurs voiles déployées. Au premier plan, des marins nettoient des chaloupes. A gauche, un grand bateau de pêche est amarré auprès d'une digue au bas, de laquelle un chasseur, monté dans une barque, vient de tirer sur un oiseau.

Dans le fond, sur le bord de la mer, un village de Hollande. Au ciel, de légers nuages.

Tableau superbe de qualité.

Signé L. Verschuur.

Vente baron de Mecklembourg, 1854, n° 27 du catalogue.

Toile. Haut., 91 cent.; larg., 116 cent.

Vue de Hollande.

VONCK

(J.)

xviiᵉ siècle

174 — Fruits et fleurs sur une table.

Des pêches, des raisins, des grenades, mêlés à des
fleurs, sont groupés sur une table de marbre.

Bois. Haut., 73 cent.; larg., 56 cent.

VAN DER WERFF

(ADRIEN)

Kralinger-Ambacht, 1659-1722

175 — La Sortie du bain.

Une femme, sortant du bain, arrange ses cheveux.
Elle est assise sur un tapis de velours rouge au bord
d'une grotte ornée de fleurs.

Signé L. C. Van der Werff.

Vente Rhoné, nº 72 du catalogue.

Toile. Haut., 52 cent.; larg., 40 cent.

WITTE

(GASPARD DE)

Anvers, 1618-1680

176 — Paysage avec architecture.

Un vaste palais, orné d'un péristyle à colonnes et éclairé par les rayons du soleil, s'étend jusqu'au bord d'un lac que l'on voit au second plan, avec un horizon de collines boisées.

A gauche, tout au premier plan, une colonnade en ruines.

Devant le palais une foule de figures, de chevaux, des mendiants, des seigneurs, et sur le lac des barques.

Haut., 98 cent.; larg., 135 cent.

Wouwerman (Philips)

Paguillerme sc

Imp A Salmon Paris

Marché aux Chevaux

WOUWERMAN

(PHILIPS)

Haarlem, 1620-1668

177 — Le Marché aux chevaux.

« Composition riche et animée avec groupes à pied
« et à cheval; des maquignons, des paysans, une belle
« rangée de chevaux à vendre. »

W. BURGER.

A droite, des baraques sous de grands arbres; au
fond, des tentes pavoisées.

Tableau d'une belle coloration.

Collection Rhoné, 1854.

Toile. Haut., 60 cent.; larg., 73 cent.

WOUWERMAN

(PHILIPS)

Haarlem, 1620-1668

178 — La Curée.

Au milieu d'un riche paysage, éclairé par le soleil couchant, des cavaliers et des dames revenant de la chasse sont descendus de leurs chevaux et assistent à la curée, au milieu des écuyers, des valets, et des curieux, réunis pour ce spectacle.

Signé du monogramme P. IS. W.

Galerie Urzaïs.

Bois. Haut., 48 cent.; larg., 65 cent.

Wouwerman (Philips)

La Curée

WOUWERMAN

(PHILIPS)

Haarlem, 1620-1668

179 — La Halte.

Sur la cime élevée d'une montagne, des voyageurs se sont arrêtés. Les femmes se reposent : l'une d'elles tient son enfant dans ses genoux. Les hommes débarrassent les bêtes de somme ou font boire leurs chevaux.

Plus haut encore, dans la montagne, une femme près d'un troupeau de moutons.

Tableau très-fin d'exécution.

Collection Rhoné.

Bois. Haut., 33 cent.; larg., 41 cent.

WYNANTS

(JEAN)

Haarlem, 1600-1677

180 — Le Lavoir.

Au centre du tableau, un lavoir au bord d'une source; puis une route qui tourne et semble conduire à un petit bois. Le paysage que l'on voit au loin, en contre-bas de la route, est boisé.

Un paysan, la hotte au dos, et une femme tenant son enfant par la main, animent ce tableau.

Collection Rhoné.

Signé Johannes Wynants et du monogramme J. W.

Bois. Haut., 35 cent.; larg., 48 cent.

ZEEMAN

(REINIER NOOMS DIT)

Amsterdam, 1612-1675

181 — L'Entrée du port d'Amsterdam.

Deux grands vaisseaux sont à l'ancre dans le port; d'autres navires arrivent, leurs voiles déployées; sur la droite, des ouvriers radoubent des bateaux. Sur la jetée, des personnages, ouvriers et promeneurs.
Composition pleine de mouvement et d'harmonie.

Toile. Haut., 62 cent.; larg., 78 cent.

Paris. — Imprimerie Pillet fils aîné, rue des Grands-Augustins, 5.